北京市科学技术协会
科普创作出版资金资助

多功能农业漫话

蒋建科◎著　　曲哲涵◎绘

U0209541

知识产权出版社
全国百佳图书出版单位
—北京—

图书在版编目（CIP）数据

多功能农业漫话／蒋建科著. — 北京：知识产权出版社，2022.1
ISBN 978-7-5130-7776-7

Ⅰ. ①多… Ⅱ. ①蒋… Ⅲ. ①农业科学—普及读物 Ⅳ. ①S-49

中国版本图书馆 CIP 数据核字（2021）第 206265 号

内容提要

本书从农业的科学本质入手，提出多功能农业概念、农业生产方程式等新观点，并紧紧围绕农业的科学本质展开科普。本书通过一个个鲜活的故事，从不同侧面讲述农业的作用，将农业与气候、能源、环境等方面存在的问题连接在一起，阐述了农业解决气候、能源、环境等方面存在的问题的途径和意义，对于普及农业知识、提高农业科技工作者社会地位等有积极意义。

图书策划：刘　超　　　　　　　**责任编辑**：高志方

责任校对：谷　洋　　　　　　　**责任印制**：刘译文

封面设计：杨杨工作室·张　翼

多功能农业漫话

蒋建科　著　　曲哲涵　绘

出版发行：知识产权出版社 有限责任公司	**网　址**：http://www.ipph.cn
社　址：北京市海淀区气象路50号院	**邮　编**：100081
责编电话：010-82000860转8512	**责编邮箱**：15803837@qq.com
发行电话：010-82000860转8101	**发行传真**：010-82000893 / 82005070
印　刷：三河市国英印务有限公司	**经　销**：各大网络书店、新华书店及相关专业书店
开　本：880mm×1230mm　1/32	**印　张**：5.125
版　次：2022年1月第1版	**印　次**：2022年1月第1次印刷
字　数：100千字	**定　价**：49.00元

ISBN 978-7-5130-7776-7

前 言

开门七件事，柴米油盐酱醋茶。我们每天要吃掉大量主食、水果、蔬菜和肉蛋奶，通过人体消化系统把食物消化掉，给身体提供能量；我们吸入空气中的氧气，同时把产生的"废气"二氧化碳呼出到空气里。那么问题来了，全球 70 多亿人，每分每秒都在吸收氧气、呼出二氧化碳，日复一日，年复一年，地球上的氧气还够我们用吗？排出的二氧化碳都去哪里了？

这些答案的主角是植物。我们常见的绿色植物包括农作物在内吸收了排出的二氧化碳。如麦苗和稻苗吸收二氧化碳，通过光合作用释放氧气，结出麦子和稻米；苹果树和黄瓜苗吸收二氧化碳，释放氧气，结出苹果和黄瓜；等等。同时，我们把谷物、谷壳喂食猪和鸡、鸭、鹅，秸秆喂食牛和羊，进一步产出肉、蛋、奶……农业生产的本质就是作物吸收二氧化碳、释放氧气并产生碳水化合物的一个大循环。这个生生不息的大循环以农业生产为核心，把食物、环境、气候、能源等重大问题串联起来，这就是农业的多功能性。

农业可以是绿水青山，农业可以是观光采摘，农业还可以是衣食住行。深入了解农业，你会发现农业就在我们身边，它充满趣味：大田可以种"柴油"、治虫可以不用药、果树生病挂吊瓶……只有想不到，没有做不成。

你相信"种地不再用黄土""甘薯也能长空中""蜜蜂下地干农活""大豆纺丝做衣服"吗？

你知道"草叶和锯子""蝗虫和驾驶""蝴蝶和迷彩服""鲨鱼和泳衣"之间的仿生关系吗？

农业很接地气，看起来好像很土，实际上农业也是一门高科技学问，充满了科学家和劳动人民的智慧。这些智慧不仅对当前的农业发展有启示作用，对整个经济社会的发展也有积极的借鉴作用。本书讲述了这些多功能农业的有趣故事，希望能帮助公众正确、全面地了解农业，提高全社会对农业科学的关注，同时给读者们带来一些智慧的启迪。

农业的多功能性是一个重大的科学问题，值得我们关注和进一步挖掘。限于水平，作者不可能在一本书里把所有农业的多功能性都展现出来，期待有更多学者对农业的多功能性关注和介绍。

目 录
Contents

第一章

农业的科学本质

· 导读 ·

　　什么是农业？农业就是种地养猪吗？本章通过农业生产方程式揭示了农业的科学本质：农业生产就是通过绿色植物，依靠太阳，把二氧化碳和水合成碳水化合物的过程。绿色植物中的叶绿素是地球上所有生命的"引擎"和"动脉"，它在常温下就能完成极其复杂的化学反应，既不需要高大的厂房，也不产生噪声和废弃物，是很棒的"绿色工厂"。

·第一节·
什么是农业

　　班固在《汉书·食货志》中说："辟土殖谷曰农"。一般认为，农业是利用动植物的生长发育规律，通过人工培育、养殖来获得产品的产业。农业的劳动对象是有生命的动植物，获得的产品是动植物本身。农业是提供支撑国民经济建设与发展的基础产业。

　　农业作为一个古老而传统的产业，已经有 1 万年甚至更长的时间了。农业的产生标志着人类由采猎自然食物到自己生产食物，从适应自然向改造自然迈出了一大步。这个变化被称为"食物革命"，其实质是一种产业革命，是生产方式的转变。绿色植物是农业生产的基础，是农业生产的核心。

　　如果把地球的历史比作一天，那么在凌晨 3 时 40 分诞生了植物，到了晚上 9 时 45 分出现了蕨类植物，1 个小时后出现了裸子植物，而人类出现在最后的 20 秒钟里。

　　由此可见，在我们居住的这个星球上，人类只是一个新成员，而植物已经是老居民了。经过上万年的发展，农业发生了几次重大的技术革命，目前已经进入转基因技术等高科技时代。然而，农业问题似乎并没有得到彻底解决，全世界尤其是发展中国家，农业生产水平普遍偏低，加上干旱、洪涝、病虫等自然灾害，粮食生产很不稳定，全世界每年还有不少人处于饥饿状态，农民生活水平亟待改善和提高。

总之，从农业的科学本质和农业生产方程式来看，农业的作用被严重低估了。受传统农业和传统观念的影响，农业的科学作用尚未得到充分发挥。在当今人类面临气候、能源等方面存在一系列重大问题的背景下，重视农业在解决这些问题中的作用显得尤为重要。本书介绍多功能农业正是一次很好的尝试。

·第二节·
农业生产方程式

拨开笼罩在农业问题上的层层迷雾，我们发现，农业生产的本质其实很简单，我们不妨把它用"农业生产方程式"来表示。

碳水化合物是构成粮食、棉花、蔬菜、花卉等各种作物的基本成分，许多作物再经过猪牛羊、鸡鸭鹅等家畜和家禽的二次转化，生产出肉、蛋、奶等动物性食物以及许多农副产品，供人们生活使用。从科学的层面来看，农业就是绿色植物通过光合作用，将太阳的光能及空气中的二氧化碳、水、矿物质等合成碳水化合物，最后形成粮食、蔬菜、棉花、木材、肉、蛋、奶以及石油、煤炭、天然气等，供人类使用，然后进入下一个循环过程。其核心是"碳"元素的大循环。

能量转化
能量散失
分解

生产循环图

农业生产方程式的启示 1:

从农业生产方程式中我们可以发现农业是整个社会的根本和源泉。我们可以设想一下,假如点一把火将所有城市烧掉,那么,若干年后,又可以从广大农村中"生长"出新的城

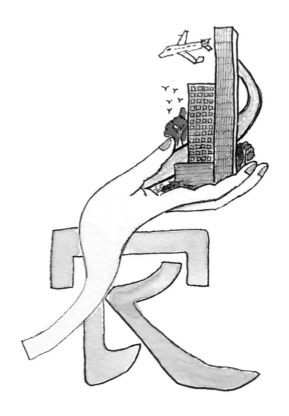

市；假如点一把火将所有农村烧掉，那么，若干年后，城市也会自然消亡。缺少了粮食和能源，人类将无法生存。这恐怕就是农业与工业、农村与城市关系的一个最简单的比喻。

农业生产方程式的启示 2：

工农业的"剪刀差"为什么没有把农业彻底剪垮？原因就是农业生产过程中的二氧化碳和光照是免费的，来自大自然的二氧化碳和光照取之不尽、用之不竭。假如像工业生产那样，也将二氧化碳和光照算作原料，计入成本，那么农业生产终将难以为继，陷入"剪不断，理还乱"的境地。因此，当我们研究农业问题的时候，千万不要忽视了"二氧化碳和光照是免费的"这个十分重要的因素和事实。

农业生产方程式的启示 3：

我们还可以发现，"叶绿素"是地球上所有生命的"引擎"和"动脉"。从农业的科学原理不难看出，绿色植物的"叶绿素"是地球上所有生命的"引擎"，光合作用正是靠"叶绿素"完成的。"叶绿素"是世界上最棒的"绿色工厂"，

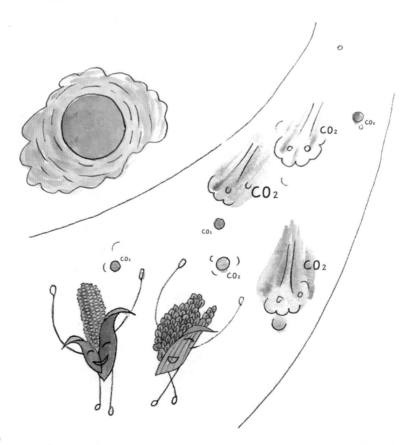

人类未来发展的秘籍就在这片绿叶中

它能在常温下完成极其复杂的化学反应，不需要占用大量的土地，不需要消耗大量的能源，不需要高大的厂房，既不产生噪声，也不排放污染物。如此好的工厂，到哪里去找呢。

所以，走新型工业化道路，实施乡村振兴战略，应该借鉴、学习、模拟"叶绿素"的工作原理，让我们的工厂和工业生产像"叶绿素"那样既不产生噪声，也不排放污染物，这应该成为科学家们今后研究的一个重要方向。建议工程师要和农艺师一起研究这个问题，打破学科和产业界限，用交叉学科的理念和方法去解决我们共同面临的难题，而不要像以前那样"老死不相往来"。

第二章

农业发展的四个阶段

· 导读 ·

　　农业发展具有鲜明的阶段性。有学者将农业发展分为 4 个阶段，从世界各国农业的发展来看，基本遵循了从以体力和畜力劳动为主的农业 1.0 阶段，到以农业机械为主要生产工具的农业 2.0 阶段，再到农业生产全程自动化装备支撑下的 3.0 阶段，最后达到以物联网、大数据、云计算和人工智能为主要技术支撑的全要素、全链条、全产业、全区域的以无人化为主要特征的智能农业阶段，即农业 4.0。

·第一节·
原始农业

　　原始农业是在原始的自然条件下，采用简陋的石器、棍棒等生产工具，从事的简单农事活动。使用石器工具从事简单活动的农业，是由采集、狩猎逐步过渡而来的一种近似自然状态的农业，属于世界农业发展的最初阶段。原始农业，其特征

人类驯化动物采集食物

是使用简陋的石制工具，采用粗放的刀耕火种的耕作方法，实行以简单协作为主的集体劳动。原始农业经历了从采集经济向种植经济的发展过程。

大约在距今 12000 年前，中国的新石器时代早期出现了原始农业的雏形，进入原始农业的重大技术突破是驯化野生植物和动物，标志是稻谷和陶器的出现。

中国古代农业中存在的"刀耕火种"和"火耕水耨"均属原始农业的耕作方法；"迁移农业"或"游耕"等也属原始落后的农业。现在非洲的撒哈拉地区和中国西南地区的部分地方仍保留着原始农业的耕作方法，其生产发展较为缓慢，生产力水平极低。

刀耕火种是原始农业的耕作技术。这种耕作技术在现代一些民族中仍有保留。中国长江流域在唐宋以前的很长历史时期里，也都保留了这种耕作方式，称为"畲田"。

> **原始农业基本特征有：**
>
> ①生产工具简单落后，以石刀、石铲、石锄和棍棒等为主。
>
> ②耕作方法原始粗放，采用刀耕火种。
>
> ③主要从事简单协作的集体劳动，获取有限的生活资料，维持低水平的共同生活需要。

原始的刀耕火种与之相类似，只不过工具更为简陋一些。据考古出土的一些实物来看，原始农业使用的工具主要有石刀、石斧之类，这些都是用来砍伐树木的。

人们在进行刀耕火种的时候，首先要面临的就是土地的选择。从中国南方从事刀耕火种的少数民族情况来看，初期原始农业的土地都是选择在林地上，草地的开发是后来的事情。

据独龙族、怒族和佤族老人的追述，他们的祖先在使用石斧、竹刀进行耕种时，对大规模的原始森林无能为力，当时选择土地一般不是草地，而是选择森林的边缘、隙地或林木比较稀疏的林地进行砍种。这种说法在新安寨的苦聪人中得到证实。苦聪人在定居前（20 世纪 50 年代）刚刚由采集经济向农业经济过渡，铁器虽已传进，但数量极少，仍以木质工具为主，他们就是选择在森林边缘或树木比较稀疏的地方耕种的。

·第二节·
传统农业

　　传统农业是在自然经济条件下，采用人力、畜力、手工
工具、铁器等为主的手工劳动方式，靠世代积累下来的传统经
验生产，以自给自足的自然经济为主导地位的农业。传统农业

传统农业

是一种生计农业，农产品有限，家庭成员参加生产劳动并进行家庭内部分工，农业生产多靠经验积累，生产方式较为稳定。传统农业生产水平低、剩余少、积累慢，产量受自然环境条件影响大。在不同学科领域中，传统农业有着不同的分类方式。人文地理学中的传统农业类型有旱作农业、水稻农业、地中海农业、游牧业。

传统农业的基本特征是：金属农具和木制农具代替了原始的石器农具，铁犁、铁锄、铁耙、耧车、风车、水车、石磨等得到广泛使用；畜力成为生产的主要动力；一整套农业技术、措施逐步形成，如选育良种、积肥施肥、兴修水利、防治病虫害、改良土壤、改革农具、利用能源、实行轮作制等。传统农业在欧洲是从古希腊、古罗马的奴隶制社会开始，直至20世纪初逐步转变为现代农业。

传统农业由粗放经营逐步转向精耕细作，由完全放牧转向舍饲或放牧与舍饲相结合，利用、改造自然的能力和生产力水平等均较原始农业大有提高。传统农业的特点是精耕细作，农业部门结构较单一，生产规模较小，经营管理和生产技术仍较落后，抗御自然灾害能力差，农业生态系统功效低，商品经济较薄弱，基本没有形成生产的地域分工。传统农业持续了漫长的时间，直到现在仍广泛存在于世界上许多经济不发达国家。

中国是一个历史悠久的农业大国，历来注重精耕细作，大量施用有机肥，兴修农田水利发展灌溉，实行轮作、复种，并且将农牧结合。大约在战国、秦汉之际，已逐渐形成一套以精耕细作为特点的传统农业技术。在农业发展过程中，生产工具和生产技术尽管有很大的改进和提高，但就其主要特征而言，没有根本性质的变化。中国传统农业技术的精华，对世界农业的发展有过积极的影响。重视、继承和发扬传统农业技术，使之与现代农业技术合理地结合，对加速发展农业生产，建设农业现代化，具有十分重要的意义。

·第三节·
现代农业

现代农业是在现代工业和现代科学技术基础上发展起来的农业，是萌发于资本主义工业化时期，在第二次世界大战以后才形成的发达农业。其主要特征是广泛地运用现代科学技术，由顺应自然变为自觉地利用自然和改造自然，由凭借传统经验变为依靠科学，成为科学化的农业，其建立在植物学、动物学、化学、物理学等学科高度发展的基础上；把工业部门生产的大量物质和能量投入到农业生产中，以换取大量农产品，成为工业化的农业；农业生产走上了区域化、专业化的道路，由自然经济变为高度发达的商品经济，成为商品化、社会化的农业。

现代农业是一个动态的和历史的概念，它不是一个抽象的东西，而是一个具体的事物，它是农业发展史上的一个重要阶段。从发达国家的传统农业向现代农业转变的过程看，实现农业现代化的过程包括两方面的主要内容：一是农业生产的物质条件和技术的现代化，即利用先进的科学技术和生产要素装

备农业，实现农业生产机械化、电气化、信息化、生物化和化

学化；二是农业组织管理的现代化，即实现农业生产专业化、

社会化、区域化和企业化。

现代农业

现代农业是现代产业体系的基础。发展中国家发展现代农业可以加快产业升级，解决就业问题，消灭贫困，缓解两极分化，促进社会公平，消除城乡差距，开发国内市场，形成可持续发展的经济增长点，是发展中国家农业发展的必由之路，是发展中国家实现农业现代化的主要着力点。发展现代农业是我国解决"三农"问题的根本途径，是经济可持续发展、实现赶超战略的根本途径。

·第四节·
多功能农业

当代有学者提出后现代农业，后现代农业必须建立在伦理和环境的可持续性理论上，根据这一理论，我们既要满足当前的需要，又不能损害后代满足他们需要的能力。后现代农业必须更新自己，而不是依赖外部投入以矿物燃料为基础的农业化学品。

有学者提出，应该将后现代农业改为多功能农业。也就是说，在现代农业之后，人类将迎来一个多功能农业的崭新时代。

第三章

多功能农业的
概念和类型

· 导读 ·

　　多功能农业就是具有多种功能的农业。农业不仅可以保证粮食安全、提供工业原料、促进社会稳定、维持乡村景观，还可以保护生态环境，提供休闲文化教育等。更重要的是，光合作用可以免费为人类提供一刻也不能离开的氧气。

·第一节·
什么是多功能农业

多功能农业，顾名思义即具有多种功能的农业，该概念最早起源于日本的"稻田文化"。联合国粮农组织（FAO）、经合组织（OECD）、世界银行（WB）、欧盟（EU）等对多功

农业多功能性之粮食功能

农业多功能性之原料功能

能农业都有不同理解。总的来讲，农业的多种功能可以归纳为保证粮食安全、提供工业原料、促进社会稳定、维持乡村景观、保护生态环境、观光休闲和传承文化教育等。

　　韩国政府充分认识到，多功能农业概念的提出有利于人们对农业这一传统产业进行重新、全面评价，并且主要采用稳定农户的各种直补制度进行农业补贴。韩国农民收入中政府财政支农补贴高达 66%。韩国农业以农业保护项目多、程度高而闻名于世。

从农业保护水平来看，日本是世界上对农业保护程度最

农业多功能性之防风固沙功能

高的国家之一。日本将多功能农业定义为"根据农村的农业生产活动，农业具有除农产品供给机能以外的多种功能，如土地保持、水源涵养、自然环境的保护、良好景观的形成、文化的传承"。

我国学者提出了多功能大循环农业的概念，多功能大循环农业具有经济、社会、生态、环保、文化、旅游、节约、高效、健康等多种功能，具有十个方面的相互叠加融合放大效应，即不断变废为宝、化害为利，不断降低生产成本，不断减少环境污染，不断优化生态环境，不断扩大劳动就业，不断增加农民收入，不断提高资源产出率，不断提升农业的整体效益和竞争力，不断破解发展中的难题，不断有所创新。

·第二节·
多功能农业的类型

（1）旅游观光农业（都市农业）

　　这是多功能农业的核心功能之一。例如，早在 2011 年，北京市在不破坏农田乡野面貌、投入不多的情况下，通过改善和提升农田的景观，把普通农田装扮得像花园一样美丽迷人，吸引大量游客前来观光，让农业这个传统产业焕发出新的活力，成为新的经济增长点，也成为农业转型升级的成功样本。

(2) 白色农业

　　所谓"白色农业"就是以蛋白质工程、细胞工程和酶工程为基础，通过对基因工程全面综合地应用而组建的工程农业。由于这项新型农业生产是在高度洁净的工厂化的室内环境中进行的，人们穿着白色工作服从事生产，所以形象地被称为"白色农业"。它分为微生物工程农业和细胞工程农业。"白色农业"的核心是利用微生物发酵生产单细胞蛋白质饲料等产品，以缓解粮食生产的紧张局面。

（3）昆虫农业

　　昆虫农业的含义也十分广泛，首先是发展昆虫食品，我国古代就有发展昆虫食品的记载。通过昆虫牧业大力发展昆虫食品，应该是今后的一个方向。其次是昆虫农业还包括昆虫授粉等诸多内容。例如，蜜蜂除了向人们提供蜂蜜、蜂王浆、蜂毒、蜂蜡外，更主要的是为各种农作物授粉起到增产作用。

（4）能源农业

　　能源农业是多功能农业的重中之重，具有革命性的意义。另外，在节约能源方面，农业也大有潜力。例如，人们司空见惯的萤火虫就是节能高手，它的发光效率很高，仅有 5% 的能量转化为热能消耗掉，其余全部发光，不像灯泡那样烫手。人类应该借鉴萤火虫的发光原理，研制并大力推广这种"冷光源"，那将对节能减排做出巨大贡献！

（5）治污农业

治污农业可以定义为专门治理污染的农业生产活动。例如，有的植物专门净化污水，有的植物专门净化土壤，有的植物专门净化空气，还有的植物能把海水淡化。如果这种淡化海水的植物选育成功，人类的缺水问题便可有望解决。

谢谢浮萍姐姐，给我们一池清水。

(6) 建材农业

　　建材农业有以下两个含义：一是农业对建筑的启示。例如，六边形的蜂巢是最安全、最坚固的结构，为了防震，人类是否要放弃现在的方形房子而选择蜂巢一样的六边形房子以保证居住安全呢？二是用作物秸秆加工成为新型建筑材料。相比水泥、钢筋等现代建筑材料生产时排放二氧化碳，作物秸秆是吸收二氧化碳的，这对节能减排的意义十分巨大。

(7) 数字农业

数字农业是未来农业发展的趋势。 所谓数字农业就是用数字化技术，根据人类的需要，对农业所涉及的对象和生产全过程进行数字化和可视化的表达、设计、控制、管理。其本质是把信息技术作为农业生产的重点要素，将工业可控生产和计算机辅助设计的思想引入农业，通过计算机、地学空间、网络通信、电子工程技术与农业的融合，在数字水平上对农业生产、管理、经营、流通、服务以及农业资源环境等领域进行数字化设计、可视化表达和智能化控制，使农业按照人类的需求目标发展。

第四章

仿生农业:
激发社会创新活力

·导读·

　　农业不仅能为人们提供粮食以及蔬菜和肉蛋奶，农业领域的植物、昆虫等还能激发人们的创新能力，推动社会进步。农业仿生就是一个很好的证明。

· 第一节 ·
鲁班如何发明锯子

现代化的城市其实与农业有着千丝万缕的联系，城市里高大漂亮的建筑都会以获得"中国建设工程鲁班奖"为荣，殊不知，鲁班当年发明锯子跟植物有关。

鲁班是春秋时鲁国的巧匠。据传说，他有一次承造一座大宫殿，需用很多木材，他叫徒弟上山去砍伐大树。当时还没有锯子，用斧子砍，一天砍不了多少棵树，木料供应不上，鲁班就亲自上山去看。山非常陡，他在爬山的时候，一只手拉到丝茅草，手指头一下子就被刮破了，流出血来。鲁班非常惊奇，这种草为什么这样厉害？他一时也想不出道理来，在回家的路上，他就摘下一株丝茅草，带回家去研究。他左看右看，发现丝茅草茎的两边有许多小细齿，这些小细齿很锋利，用手指去扯，就划出一道口子。这一下子提醒了鲁班，他想，如果像丝茅草那样，把铁打成有齿的铁片，不就可以锯树了吗？于是，他就和铁匠一起试制了一条齿状的铁片，拿去锯树，果然成功了。

 Jiāng人辣语

生活中难免手被划破，或被猫狗抓咬等，鲁班被小草割破手后发明了锯子，你的手被弄破后想到了什么？有想到一些发明创意吗？

·第二节·
萤火虫：人工冷光

自从人类发明了电灯，生活变得方便、丰富多了。但电灯只能将电能的很少一部分转变成可见光，其余大部分都以热能的形式浪费掉了，而且电灯的热射线有害人眼。那么，有没有只发光不发热的光源呢？人类又把目光投向了大自然。

在自然界中，有许多生物都能发光，如细菌、真菌、蠕虫、软体动物、甲壳动物、昆虫和鱼类等，而且这些动物发出的光都不产生热，所以又被称为"冷光"。在众多的发光动物中，萤火虫是其中的一类。萤火虫有近 2000 种，它们发出的冷光的颜色有黄绿色、橙色，光的亮度也各不相同。萤火虫发出冷光不仅具有很高的发光效率，而且发出的冷光一般都很柔和，光的强度也比较高，很适合人类的眼睛。科学家研究发现，萤火虫的发光器位于腹部，这个发光器由发光层、透明层和反射层三部分组成。发光层拥有几千个发光细胞，它们都含有荧光素和荧光素酶两种物质。荧光素是荧光素酶的底物，在荧光素酶的作用下，荧光素利用细胞内水分，与氧化合，便发出荧光。萤火虫的发光，实质上是把化学能转变成光能的过程。

人们根据对萤火虫的研究，创造了日光灯，使人类的照明光源发生了很大变化。近年来，科学家先是从萤火虫的发光器中分离出了纯荧光素，后来又分离出了荧光素酶，接着，又用化学方法人工合成了荧光素。由荧光素、荧光素酶、ATP(三磷酸腺苷)和水混合而成的生物光源，可在充满爆炸性瓦斯的矿井中当闪光灯。同时，由于这种光没有电源，不会产生磁场，因而可以在生物光源的照明下，做清除磁性水雷的工作。

Jiāng 人辣语

人们研究萤火虫创造了日光灯，我们能不能乘胜前进，用萤火虫发光原理研制光池？像电池储存电能一样，直接储存光能用于夜晚照明？

·第三节·
苍蝇：小型气体分析仪

苍蝇是著名的"逐臭之夫"，凡是又臭又脏的地方，都有它们的踪迹。苍蝇的嗅觉特别灵敏，远在几公里之外的气味也能嗅到。但是它没有鼻子，那它靠什么来充当嗅觉器呢？原来，苍蝇的"鼻子"——嗅觉感受器分布在头部的一对触角上。每个"鼻子"只有一个"鼻孔"与外界沟通，内含上百个嗅觉神经细胞，若有气味进入"鼻孔"，这些神经立即把气味刺激转变成神经电脉冲送往大脑。大脑根据不同气味物质所产生的神经电脉冲的不同，就可区别出不同气味的物质。因此，苍蝇的触角就像一台气体分析仪。

科学家由此得到启发，根据苍蝇嗅觉器的结构和功能，仿制成一种十分奇特的小型气体分析仪，这种仪器的探头不是

Jiāng人辣语

没想到"逐臭之夫"苍蝇的嗅觉特别灵敏，只要我们用心观察研究，很多害虫也可以为我们所用。不讨人喜欢的缺点，换个领域也许就成了优势。

金属，而是活的苍蝇，就是把纤细的微电极插到苍蝇的嗅觉神经上，将引导出来的神经信号经电子线路放大后，送给分析器，分析器一旦发现气味物质的信号，便能发出警报。这种仪器已经被安装在宇宙飞船的座舱里，用来检测舱内气体的成分。现在，这种气体分析仪的探头变成了金属，也是按苍蝇的触角来设计的。

是的，生活中若没有动物，人类将失去很多发明的机会，可以说动物对人类生活有很大的帮助。

·第四节·
蜻蜓改善飞机安全性

蜻蜓靠神经系统控制着翅膀的倾斜角度，它不断调整飞行速度和大气气压相适应。蜻蜓这种"自动驾驶仪"比现代飞机灵巧得多。人们从仿生学的角度不断研究昆虫的飞行特点与构造机能，将其"移植"到飞机设计上加以应用。例如，在空气动力学中有一种"颤振"现象，如果不能消除飞机翅膀"颤振"，快速飞行时翅膀就会折断，导致机毁人亡。蜻蜓是消除"颤振"的能手，蜻蜓翅端前缘有一块色深且厚的部分，叫翅痣。这是保护薄而韧的蜻蜓翅膀不致折损的关键，于是人们仿照翅痣，在飞机翅膀上设计了加厚部分，消除了"颤振"，保证了飞机的安全。

Jiāng人辣语

谁能想到，一颗小小的翅痣就将飞机的速度和安全问题完美解决了。一只小蜻蜓，避免了多少机毁人亡的事故，这是十分完美的仿生学案例！

· 第五节 ·
蝗虫：智能车辆碰撞探测器

蝗虫的视觉具有早期预警系统，有助于它们避免高速群拥飞行时发生碰撞。受蝗虫独特的视觉能力启发，科学家最新研制一种创新技术，能够避免人们发生车辆碰撞。研究人员采用蝗虫视觉的关键性特征研制了一种计算系统，它可作为高精度的汽车碰撞探测器设计蓝本。

视觉对多数动物具有至关重要的作用，一些智力较低的

我家的免碰撞预警系统是最好的！

动物也具有不同寻常的视觉处理能力。例如，昆虫能够在高速飞行状态下探测邻近的掠食者。

人造视觉神经系统可提供动态环境中计算机视觉最新解决方案。基于蝗虫视觉开发设计的计算机神经网络程序，可以

设定程序，使一个移动机器人探测即将接近的物体，并避免与它们发生碰撞。

有虫哥您的指导，感觉安全多了！

这并非是使用雷达或者红外线探测器等常规方法来避免碰撞，而是采取耐用的计算机系统。未来这项技术将应用于避免车辆发生碰撞，这将是汽车制造工业的一个巨大挑战。这项研究为科学家提高汽车安全性能提供了重要线索，同时有助于减少人类误差性操作。

Jiāng人辣语

蝗灾发生时，蝗虫密密麻麻遮天蔽日，有没有想过为什么蝗虫不会发生"车祸"？把蝗虫的视觉优势与计算机系统结合，使车载系统具有蝗虫的灵敏探测功能，从而使车辆像蝗虫一样避免车祸，太神奇了！

·第六节·
蝴蝶仿生

五彩的蝴蝶色彩粲然，如重月纹凤蝶、褐脉金斑蝶等，尤其是荧光翼凤蝶，其后翅在阳光下时而金黄，时而翠绿，有时还由紫变蓝。科学家对蝴蝶色彩的研究，为军事防御带来了极大的裨益。在"二战"期间，德军包围了列宁格勒，企图用轰炸机摧毁军事目标和其他防御设施。苏联昆虫学家根据当时人们对伪装缺乏认识的情况，提出利用蝴蝶在花丛中不易被发现的原理，在军事设施上覆盖蝴蝶花纹般的伪装。因此，尽管德军费尽心机，但列宁格勒的军事基地却安然无恙，为赢得最后的胜利奠定了坚实的基础。根据同样的原理，后来人们还生产出了类似的迷彩服，大大减少了战斗中的伤亡。

森林仿生大赛

Jiāng人辣语

没想到通过模仿蝴蝶就能扭转一场战役的战局！除了迷彩服，其实很多军兵种的服装也暗含了仿生学的原理，比如海军的蓝白军服就是模仿的海水和浪花的颜色，陆军的深浅绿色服装是模仿的丛林植物颜色。

·第七节·
蜂类仿生

蜂巢由一个个排列整齐的六棱柱形小蜂房组成，每个小蜂房的底部由 3 个相同的菱形组成，这些结构与近代数学家精确计算出来的菱形钝角 109° 28′、锐角 70° 32′完全相同，是最节省材料的结构，且容量大、极坚固，令许多专家赞叹不止。

人们仿其构造用各种材料制成蜂巢式夹层结构板，强度大、重量轻、不易传导声音和热量，是建筑及制造航天飞机、宇宙飞船、人造卫星等的理想材料。

蜜蜂复眼的每个单眼中相邻地排列着对偏振光方向十分敏感的偏振片，可利用太阳光准确定位。科学家据此原理研制成功了偏振光导航仪，广泛用于航海、航空事业中。

我们是世界上
最伟大的建筑师！

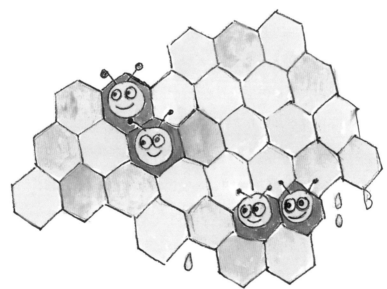

Jiāng人辣语

我们习惯了四边形的房子，如果给你一个六边形的房子，你愿意住吗？六边形的蜂巢给我们以新的启示。

· 第八节 ·
鲨鱼皮肤和泳衣

一件泳衣，曾在悉尼奥运会上改变了世界泳坛的格局。几乎大半金牌得主都穿了一种特殊的泳衣——连体鲨鱼装。这种鲨鱼装模仿了"海中杀手"鲨鱼的皮肤结构，泳衣上设计了一些粗糙的齿状凸起，能有效地引导水流，并收紧身体，避免肌肉的颤动。

此后，仿生泳衣越仿越精。第二代鲨鱼装又增加了一些新的亮点，加入了一种叫作"弹性皮肤"的材料，可使人在水中的阻力减少 4%。此外，还增加了两个附件，附在前臂上由钛硅树脂做成的缓冲器能使运动员游起来更加轻松；附在胸前和肩后的振动控制系统能帮助引导水流。

由于其效果明显，目前奥运会已禁止选手使用，但其在其他商业行业中依然大放光彩。

Jiāng人辣语

仿生泳衣能够助力选手夺冠，还有什么仿生运动装备能帮助选手夺冠呢？你想试试吗？

·第九节·
六足机器人

六足机器人又叫蜘蛛机器人，是多足机器人的一种。顾名思义，仿生式六足机器人借鉴了自然界昆虫的足部结构。

足是昆虫的运动器官。昆虫有 3 对足，在前胸、中胸和后胸各有一对，我们相应地称之为前足、中足和后足。每个足由基节、转节、腿节、胫节、跗节和前跗节几部分组成。基节是足最基部的一节，多粗短。转节常与腿节紧密相连而不活动。腿节是最长最粗的一节。第四节叫胫节，一般比较细长，长着成排的刺。第五节叫跗节，一般由 2～5 个亚节组成，为的是便于行走。在最末节的端部还长着两个又硬又尖的爪，昆虫可以用它们来抓住物体。昆虫行走是以三条腿为一组进行的，即一侧的前、后足与另一侧的中足为一组。这样就形成了一个三

Jiāng人辣语

既然昆虫足部能被机器人仿生，那么给机器人插上翅膀也不再是妄想，哈佛大学已研究出双翼仿昆虫机器人，以便信息收集和侦察。昆虫仿生，前景广阔。

角形支架结构，当这三条腿放在地面并向后蹬时，另外三条腿即抬起向前准备替换。前足用爪固定物体后拉动虫体向前，中足用来支持并举起所属一侧的身体，后足则推动虫体前进，同时使虫体转向。这种行走方式使昆虫可以随时随地停下来，因为重心总是落在三角支架之内。六足机器人可在多种场景发挥作用，非常适合在复杂环境下的行走和作业。在巡检、快递、灾害救援等领域有很大的应用潜力。在月球探测器上，我国已有多款定制机器人在使用了。

·第十节·
王莲托起大跨度建筑

在亚马孙河的小河湾和支流里生长着有"莲花之王"盛誉的王莲，东一簇，西一片。盛夏时节，从莲叶之间探出直径40厘米左右洁白的花朵，散发出淡淡的芳香。

王莲的叶子很大，直径有2米多，四周向上翻卷，像一个大平底锅。莲叶向阳的一面是淡绿色，非常光滑；背阴的一

人类真聪明，一学就会！

面是土红色，密布粗壮的叶脉和很长的刺毛。虽然只是一片巨大的叶子，但它的支撑和承重能力却极不一般。在一片王莲叶上，站一名35千克的少年，它仍能像小船一样稳稳地浮在水面上；即使在叶面上均匀地平铺一层7.5厘米厚的细沙，这个"大平底锅"依然纹丝不动，绝不会沉入水中。人们通过仔细研究发现，这异常强大的力量来自纵横交错、粗细不等的叶脉。莲叶背面有许许多多粗大的呈放射状的叶脉，叶脉之间还有镰刀形的横筋紧密连结，构成了一种非常稳定的网状骨架。莲叶较强的承重能力由此而来。

自从 1801 年欧洲人发现王莲以来，莲叶的结构与功能便一直是建筑学家研究的课题，并试图将其用于建筑设计。经过努力，这一美好的愿望终于变为现实。我们时常见到的大跨度的宏伟建筑工程，其房顶结构或多或少地模仿了王莲叶片的结构。意大利工程学家以此还设计建造了一座跨度达 95 米的展览大厅，其屋顶采用网状叶脉结构，在拱形的纵肋之间连以横筋，既轻巧坚固，又造型大方，可谓仿生建筑的杰作。

Jiāng人辣语

自然界是人类最好的老师，建筑仿生并不是单纯地模仿、照抄，除了王莲，大跨度建筑还可以仿生哪些植物？

第五章

创意农业:
出奇制胜

· 导读 ·

　　"面朝黄土背朝天"是传统农业的写照。今天，有创意的高科技颠覆了人们对传统农业的认识。

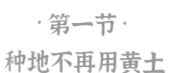

·第一节·
种地不再用黄土

　　这项名为"智能 LED 植物工厂"并被誉为颠覆"土地利用和农作方式"的技术，到底新在哪里？原来，所谓植物工厂，就是通过设施的高精度控制实现农作物周年连续生产的高效农业系统，它利用计算机对植物生育过程的温度、湿度、光照、二氧化碳浓度以及营养液等环境要素进行全天候控制，是一种不受或很少受自然条件制约的省力型生产方式。

　　其实，农业生产就是植物通过光合作用生产碳水化合物的过程。遵循该原理，智能 LED 植物工厂根据不同植物对营养和阳光的需求，对"工厂"内环境要素和营养要素进行实时自动调配，精准供给植物，确保植物健康生长，这样就实现了不用土、不靠阳光，全天候的植物智能化生产。

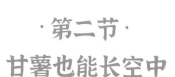

·第二节·
甘薯也能长空中

　　甘薯生长在土里，这既是常识，也是实际生产中采用的做法。然而，农业科学家却设法让它挂在空中生长。

　　其实，在空中结薯的创新灵感来自生活。一位农业科学家和他的学生聊天，无意间听到来自南方的学生说，家乡的甘薯蔓上经常长出小甘薯，但它影响了块根的生长和产量。农民们经常要设法把这些甘薯蔓翻过来，不让蔓上结薯，但劳动强度很大。

　　"甘薯蔓上长甘薯？科学根据在哪里？"科学家陷入沉思，并带领学生进行深入研究，提出了块根功能分离的理论。也就是说，传统的甘薯依靠块根膨大形成甘薯，而甘薯蔓是输送营养的通道。现在则正好相反了，让甘薯蔓来膨大形成甘薯，块根变为输送营养的通道。这样做可以节约土地，可以周年生长、连续多次收获，可以减轻劳动强度，把挖甘薯改为摘甘薯。

Jiāng人辣语

小小甘薯真有点不安分守己，不在土里好好呆着，硬要到空中撒野，别说，长在半空的甘薯既好看又省工、节水，适合大面积推广，竟然成了一景。看来，把甘薯一直限制在土里是我们的错！

·第三节·
再向空气要氮肥

大家知道，氮是作物生长需要量最大的元素。尽管大气中含有近 80% 的氮气，但小麦、水稻、玉米等广大农田的非豆科粮食作物只能望"氮"兴叹，都无法直接利用它。农民们只好大量往田里施化肥以求高产，唯有豆科作物有本领利用根瘤菌直接吸收利用空气中的氮。因此，让粮食作物直接利用空气中的氮元素，就成为全世界科学家梦寐以求的愿望。

如今，这一梦想露出一线曙光。"庄稼一枝花，全靠肥当家"。几年前，如果科技人员对正在施肥的农民说："回去吧，从今天起你不用再给庄稼施氮肥了，因为它们已经能直接吸收空气中的氮了。"那么，视化肥为宝的农民肯定会摇头说："别开这种玩笑了。"我国科学家用一种新的生物技术，率先在世界上将豆科作物的固氮能力转移到非豆科作物上，实现了非豆科粮食作物根部结瘤，并起到了固氮作用，使玩笑式的构想变为科学事实。

迄今为止，国内外诸多学者均进行了大量研究工作，但尚未攻克这一世界性难题。早在 20 世纪 80 年代初，我国学者以植物激素诱导根瘤菌与非豆科作物共生结瘤，率先开辟了一条新路，并进行了深入研究。这些研究结果使一向被视为禁区的非豆科作物结瘤固氮研究取得了重大突破，初步实现了人类向非豆科作物转移固氮能力的愿望。

Jiāng 人辣语

拿空气生产氮肥，简直天方夜谭！让梦想变为现实，这不正是科学所追求的目标吗？

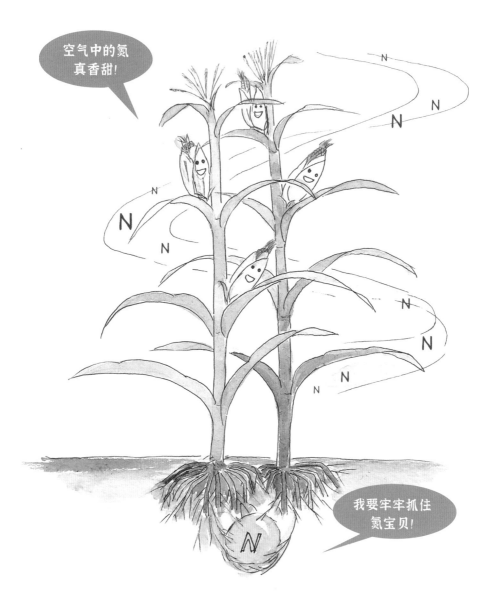

·第四节·
咸水也能浇田地

缺水是影响我国农业发展的一大因素。那么，除了淡水，自然界尤其是干旱地区存在的大量咸水也能浇田吗？

常识告诉我们，咸水是导致土壤盐碱化的根源。然而，科研人员却试着用咸水灌溉庄稼，开展高难度研究工作。研究结果表明，科学地利用咸水在旱季灌溉的作物，比不灌溉的作物增产 1 倍以上，同时还淡化和改造了地下咸水。

原来，咸水灌溉的关键是控制咸水灌溉后土壤耕层的盐分累积程度，不让它超过作物的耐盐度。而且暂留在耕层的盐分，靠 7~8 月份汛期的降雨会淋洗下去。由于抽取地下咸水进行灌溉，降低了地下水位，因而汛期降雨入渗增大，明显冲淡了地下咸水，从一定程度上解除了盐碱化的潜在威胁。同时，科学家抽取深层碱性淡水，与咸水、混合水一起灌溉，取得了一系列成果，并使地下水质得到改善。

欢迎来到海洋农场！

Jiāng人辣语

浇地自然应该浇淡水，因为庄稼最怕盐水。想不到有些作物能耐盐，甚至还好这一口。咸水灌田，也能丰收。

·第五节·
蜜蜂下地干农活

提起蜜蜂，不由让人想起香甜可口的蜂蜜、蜂王浆以及蜂胶等保健品，或者曾经被蜜蜂蜇过的痛苦回忆。其实，蜜蜂还可以帮助人类"种庄稼"。

这几年，许多地方种菜面临着用工荒的实际困难，人工授粉的工资涨到每天 120 元。其实蜜蜂才是天生的传粉能手，蜜蜂身上有许多绒毛，在采蜜的同时无意间均匀地为瓜菜授粉，而且一点也不破坏花的结构，授粉时机和效率高得惊人。

因为生存环境被破坏和农药污染等原因，野外的蜜蜂越来越少，许多地方的冬季瓜菜只能采用人工授粉，有的地方只能喷洒激素。从实际效果看，人工授粉的效率、效果无法同蜜蜂相比。例如，在全国蜜蜂授粉试验示范区，各种作物增产幅

Jiāng人辣语

提起蜜蜂，自然想到蜜蜂酿蜜，或者被蜜蜂蜇过的痛苦经历。其实，蜜蜂也能帮农民朋友种地！是不是有点不可思议？

度为 10%～40%，油菜等大田作物平均每亩可增收 300 元。

草莓、樱桃等经济作物平均每亩能增收 3000～5000 元呢!

·第六节·
大豆纺丝做衣服

　　大豆可以做豆腐，也能发豆芽。但我国的技术专家硬是把大豆纺成丝，做成衣服，在世界人造纤维发展史长长的名录中，刻上了中国人的名字。

　　我国专家发明成功的大豆蛋白改性纤维，使我国成为目前全球唯一能工业化生产纺织用大豆纤维的国家。国际纺织界称它是继涤纶、锦纶、氨纶、腈纶、丙纶、黏胶、维纶之后的"第八大人造纤维"。

　　一天，我国专家无意中在国外杂志《化学文摘》上看到

我豆宝宝也是纺织小能手！

一篇文章，说豆粕里的大豆蛋白可以纺丝。这位专家当时就冒出一个念头：试一试如何？经过十多年努力，终于攻克这项世界难题，建成世界上第一条大豆蛋白改性纤维工业化生产线。

用这种大豆蛋白改性纤维制作的面料具有独特的优异风格，摸起来柔软似绒，滑爽如丝，透气似棉麻，专家们称之为"人造羊绒"。大豆蛋白改性纤维成本低、原料充足，其成本仅为真丝的 1/3、羊绒的 1/15，被誉为"新世纪的健康舒适纤维"。

Jiāng人辣语

大豆做豆腐、发豆芽，还能纺丝做衣服，关键还是世界首创！想想我们身边还有哪些吃的可以变成穿的？

第六章

能源农业:
农业地位的大跃升

· **导读** ·

　　农业不仅能为人类提供粮食和蔬菜，还能提供能源！菜籽油和棉籽油能转化为生物柴油，满足人类未来对能源的需求。司空见惯的作物秸秆不但可以作柴火，如果燃烧到1400℃以上，就变成了与燃油、燃气一样的高品位燃料，可广泛应用于火力发电、金属熔炼、海水淡化等，前景广阔。

·第一节·
负碳经济

所谓负碳经济，就是一种以吸收转化二氧化碳为主要形态的经济模式。如果说，低碳经济、零碳经济是一个量变的过程，那么，负碳经济就是一种质变的过程。低碳经济就好比垃圾的减量，而负碳经济就是垃圾的回收再利用。

对碳要辩证地看。一方面，碳元素意义重大：它缔造了生命，它是煤、石油、天然气等传统能源的主要组成部分，它当然也是人类须臾不可离开的粮食的组成部分；另一方面，二氧化碳又对气候产生巨大影响，会造成温室效应。工业革命近 300 年来，由于煤等传统能源的大量使用，空气中二氧化碳浓度上升了 48%。即使人类从今天起不再排放任何二氧化碳，地球也需要至少 40 年时间将空气中多余的二氧化碳吸收转化完毕。

更重要的是：碳元素还能把粮食、能源和气候等热点问题紧紧联系起来，形成一个大的循环链。而这一点，恰恰就是负碳经济的依据。

负碳经济来了，我国已开始广泛地实践。在我国，负碳经济主要表现形式是能源农业。

能源农业至少可以实现三全其美：一是大量消除转化至大气中的二氧化碳，二是产出国家急需的绿色能源，三是迅速增加农民收入。

负碳炼丹，仙界我最强!

Jiāng人辣语

低碳刚刚进入我们的生活，负碳经济的概念又来了，让人目不暇接，你如何追赶这个时尚？

·第二节·
打造永不枯竭的绿色"大庆油田"

棉花不仅是国家的战略物资，棉籽还能生产生物柴油。科学家通过科技手段进一步提高棉籽含油率，开发了生物柴油。由于棉籽油中脂肪酸的碳链长度与柴油相符，通过化学或生物学方法，可以将棉籽油转化为生物柴油。棉籽油为副产品，在不影响原棉产量的情况下，我国每年生产的棉籽可转化生物柴油 300 万吨。

其实，油菜也是我国发展生物柴油理想的原料来源。在丝毫不影响粮食的情况下，我国还有 4 亿亩不与粮食争地的冬闲田，如果种植油菜，确保政策、科技、投入三要素到位，使我国能源油菜的亩产量提高到 300 千克、油菜籽的油脂含量

Jiāng人辣语

想不到吧？农田其实也是一个大油田！以生物柴油为代表的能源农业一旦发展起来，农业可就真"牛"起来，这再次彰显农业的基础地位。

提高到 50% 左右，那就相当于我们再建了一个半永不枯竭的
绿色的大型油田，将对中华民族乃至人类做出巨大贡献！

这是一幅
真正的"油"画!

·第三节·
农民地里种"柴油"

"面朝黄土背朝天"是对传统农业的写照。如今，云南部分农民开始用高科技手段种植生物柴油，迈上现代农业的康庄大道。

这种生物柴油的原料叫麻疯树，又名小桐子、臭油桐，用来榨取生物柴油，既满足市场对能源的需求，又带动农民增收。小桐子种子含油量高，一棵树每年可结种3次，种子和果实的油脂含量可达到40%～50%。最重要的是它可以不占农地，而且经改性的小桐子油各项关键指标均优于普通柴油。小桐子是我国重点开发的绿色能源树种。

Jiāng人辣语

能源农业不是梦！这不，农民朋友已经行动起来了，小桐子油打响了第一炮。期待更多农民朋友在自家地里种"柴油"。

小桐子,
快到桶里来!

·第四节·
秸秆可以代替煤和石油吗

秸秆禁烧不仅是个大难题，也是老难题，似乎无解。我国科学家发明的生物质微粉燃烧技术，能让秸秆燃烧到1400℃以上，燃烧效率高达 97% 以上，突破了千百年来生物

质燃烧温度低、不能广泛作为工业燃料的瓶颈。普通生物质材料通过这项技术变成了与燃油、燃气一样的高品位燃料，可广泛应用于火力发电、金属熔炼、海水淡化、窑炉燃料、城镇取暖、燃气制备、燃油制备、合成气制备等，是一项实实在在且前景广阔的颠覆性技术。

生物质微粉燃烧锅炉在深圳市应用取得成功，一台生物质微粉燃烧锅炉已在深圳国际低碳城稳定运行，成功取代了燃煤锅炉生产工业蒸汽。专家表示，这一应用为国内开展的煤改气、煤改电（"双改"）提供了新的选择，其能源创新意义更是不可低估，其战略意义不亚于"新四大发明"。

Jiāng人辣语

不起眼的秸秆充好汉，竟然要代替煤和石油，是不是有点"不自量力"？

第七章

建材农业:
为人类撑起一片蓝天

· 导读 ·

　　农林生产中大量产生的秸秆其实也是很好的建筑材料，以竹子为例，已经在诸多领域代替木材和其他高能耗原材料，被誉为"植物钢筋"。这些植物建筑材料不仅韧性好，抗震性能好，而且保温隔热性优良，可以大大降低建筑能耗。

·第一节·
用竹子盖房架桥

拿什么材料代替传统的钢筋水泥来建房子？科学家经过多年思考，想到了竹子。竹子不仅是理想的建筑材料，它吸收二氧化碳的能力也是相同面积桉树的 4 倍。中国是世界上主要的竹产区，竹子在中国有数千年的应用历史。竹子常绿、生长速度快、可再生，已经在诸多领域代替木材及其他高能耗原材料，被誉为"植物钢筋"。

竹结构的韧性好，抗震性能好，即使在强烈地震下结构整体出现变形，也不会散架或垮塌。此外，竹材热传导速度较慢，保温隔热性能优良，可以大大降低住宅能耗。

竹子不仅能盖房，还能架桥呢。2007 年，湖南省耒阳市导子乡上浔村建成了一座耒阳竹桥，当年年底通车，成为世界上首座可通行载重卡车的现代竹结构桥梁。湖南大学校园也建成了竹材人行天桥，竹材天桥还可根据需要改变形式，如拱桥、吊桥等，并可按建造场地要求改变结构布置和细部处理，适应性非常强。

妈妈，那座桥真是用竹子建的吗？

Jiāng人辣语

坚固的钢筋水泥自然是最好的建筑材料，难道柔软的竹子就不能当建筑材料吗？答案是肯定的！植物钢筋让人视野大开。

·第二节·
空调房巧妙节能

在北京的一个小区，居民楼的墙面涂上了一种名叫"自调温相变节能材料"，当室内温度低于一定温度时，这种材料便由液态凝结为固态，释放热量；反之就吸收热量，使室内温度保持相对平衡，人们形象地称采用这种材料的房子为"空调房"。

发明"空调房"的灵感来自生活。科技人员发现，无论是炎热的夏天，还是寒冷的冬天，人们都要用电驱动空调，或者用煤、天然气来取暖。能不能把类似夏天的热量转移到冬季来取暖，同样，再把冬季的寒冷转移到夏天用于降温？经过成千上万次科学实验，科技工作者终于利用纯天然植物研制成功了新型的"自调温相变节能材料"。

这种相变节能材料既可用于室外保温，也可以用于室内保温。实际应用还证明，这种相变保温材料具有湿呼吸性，可有效防止夏季外墙基底因冷热温差产生凝结水，导致外饰层表面龟裂，以及在冬季导致外饰层冰胀产生裂缝，同时还能克服因基底潮湿而产生的空鼓、脱落现象。在分户隔墙、顶棚、地板等部位使用，具有隔声效果，减少城市噪声对人体的危害。这种相变材料中含有纯天然香萜和香醇物质，具有驱虫、灭菌、除臭作用，可满足居住环境高层次卫生要求。

简单刷刷，就很凉快！

Jiāng人辣语

天冷天热可以用空调和暖气，可不可以换个思路，给房子穿个空调外衣？

·第三节·
稻米秸秆制作雕塑品

　　稻米在收割后总是会留下许多的秸秆和杂草，以前都是将其付之一炬或者编织成草苫子。然而，随着社会发展，稻草的柔软和韧性引起了艺术家的注意。他们将稻草与创意结合，制作出很多艺术品，做到了变废为宝。

　　在日本的香川县和新潟县每年都会举办稻草艺术节（Straw Art Festival）活动，邀请艺术家和当地农夫一起完成各式各样的大型稻草雕塑。艺术节上有稻秆编织的巨型动物，如龙猫、乌龟、大象、猩猩、恐龙等；有大型的稻秆机械，如坦克、轮船、飞机等；还有稻秆搭建的小房子和儿童迷宫，并开放让大人和孩子参观、与雕塑进行合影留念。热闹的艺术节也带动了当地的观光热潮。

　　原本无用的稻秆在艺术家及农夫的巧手下，变成一件件栩栩如生的艺术作品，借由这个稻草艺术节不仅让资源能够再利用，还达到寓教于乐的目的，将大众与农业以充满趣味的方式联结在一起。

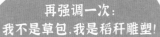

再强调一次：
我不是草包，我是稻秆雕塑！

 **Jiāng人辣语**

稻秆似乎注定要被烧或者沤肥，不屈的稻秆变身座椅、茶几等家具，仅仅只是初显身手，它在提示人们，善待稻秆，稻秆还有大用场。

·第四节·
小麦秸秆做餐具

小麦秸秆堆在田间地头不好处理，焚烧会污染环境，如果能把它们加工成产品，不仅能实现资源利用，还能减少环境污染。小麦秸秆餐具就是把一堆堆小麦秸秆，经过撕碎、分解、制浆、定型、切边等工序，制成的一摞摞各式各样的一次性餐盒。

原来，小麦秸秆的主要成分有纤维素、半纤维素、木质素等，这三者含量高达 35%～40%，也是生产一次性餐具的主要有效成分。随着技术进步，不少小麦秸秆的一次性餐具在生产中能够做到不添加化学助剂，物理定型，但这些工艺大部分还限于生产一次性产品的范畴。

一次性小麦秸秆餐具并不贵，其颜色接近麦秆本色并略有发黄，有的工艺产品还会散发出淡淡的麦香味。跟一次性塑料餐盒相比，小麦秸秆餐具的主原料是食品级 PP 材质和小麦秸秆，盛放食物更安全，而且使用完一次后，废弃餐盘可以进行生物降解，其环保标准可以达到欧洲水平。

秸秆姐姐，
我是你的面包弟弟啊！

Jiāng人辣语

麦收后的麦秆一直是个头痛的难题，既占地方，又影响村容村貌。其实，它是一个放错地方的资源。麦秆除了能做成餐具，还能干些什么？

·第五节·
秸秆做建材和内饰

在实际生活中，秸秆既可以用来做装饰材料，也可以用来做建筑材料。科学家认为秸秆材料进入建筑装饰设计领域具有必要性和可行性，毕竟秸秆十分环保，推广秸秆材料可以有效利用废弃资源，而且秸秆工艺品也相对便宜，且美观大方。很多专家认为秸秆材料是未来建筑装饰领域的主要原材料。

秸秆建材是以农作物的副产物为原料的一种新型节能环保生态建筑材料。秸秆建材的主要品种有秸秆人造板材、秸秆复合墙板、秸秆砖、秸秆砌块等。室内，秸秆建材可用于民用家具、办公家具、门、天花板、隔断墙等；室外，可用于高保温轻钢秸秆房、各种被动式建筑的高强保温外墙和屋顶等。

相对其他的建筑材料，秸秆建材不但具有高强度，而且更轻便、节能。此外，在保温、隔热、防火、隔音、环保等方面，秸秆建材也更有优势。

麦子做的《麦田》
很不错！

Jiāng人辣语

手心手背都是肉，粮食和秸秆犹如手心手背。谁料庄稼收获后，人们尽心呵护粮食，却将秸秆付之一炬，秸秆做成建材，给人以启示。

第八章

绿色农业:
实现可持续发展

· 导读 ·

　　农业的本色是绿色，农业完全可以实现绿色发展。农业是一个复杂的生命产业，充满智慧和辩证法。地膜、农药等污染问题如何解决，从绿色农业中都可以找到答案。

·第一节·
种棉不再盖地膜

种棉花一定要覆盖地膜，这似乎已经成为常识。种棉花不覆盖地膜，这在种棉人看来简直是天方夜谭。

然而，我国的农业科学家通过努力实现了无膜种植。原来，在棉花播种的时候经常会遇到低温冷害，直接影响棉花出苗。而在秋天收获季节，又遇到低温霜冻等不良气候，也会影响棉花的产量和收获，所以必须覆盖塑料薄膜，避免棉花受到冷害和霜冻的侵袭。

随着地膜使用量的不断增加，土壤中残膜量逐步增加，土壤结构遭到严重破坏，耕地质量逐步下降。残膜污染会影响棉花的生产，但首当其冲的是原棉质量。对于机采棉，残膜会随机械混入棉花，成为构成棉花"三丝"污染的"生力军"。这将严重影响棉花的纺线质量和染色。针对这些直接原因，我国农业科学家在育种方面下足功夫，出奇制胜，培育出具有晚播兼具早熟的品种，从而彻底甩掉塑料薄膜。

科学家培育出的棉花新品种可以晚播种十多天，正好躲过了春天播种时的低温；由于该品种具有早熟的特点，又巧妙地躲过了秋天收获时遇到的低温霜冻等不良气候。通过这些特点，实现了棉花种植不再需要覆盖地膜的目标，彻底解决了残膜污染难题，实现了绿色植棉。

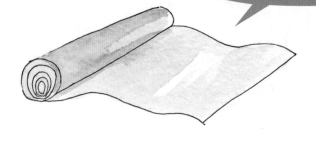

没想到我也有失业这一天……

Jiāng人辣语

棉花原本是不盖地膜的，如今给棉花盖地膜好像天经地义。其实，返璞归真也是治理地膜污染的一个办法，关键是科技进步。

·第二节·
麻地膜巧解污染

现代农业可以说已经离不开塑料地膜了，但塑料地膜造成的"白色污染"已经到了非解决不可的时候了。于是，科学家成功发明了环保型麻地膜，麻地膜主要用苎麻等植物纤维按特定的工艺技术制成，有透水和不透水两种，其性能指标通过多年研制和改进得到提升。

麻地膜具有保温、保湿、透气、防草等特性。与纸地膜相比，不易撕破，适宜机械化铺膜。在大棚条件下，麻地膜在冬春季节防草效果达到 40% ～97.3%。麻地膜覆盖蔬菜能够促进其早发快长，提早上市，增加产量。麻地膜最大的好处是具有可降解性，其降解速率与麻地膜配方和环境温度、湿度、酸碱性以及土壤肥力相关。大多数情况下，麻地膜能在一年时间里完全降解。而塑料地膜完全降解最快需要等待 7 年以上的时间。我国具有丰富的麻类纤维资源，开发环保型麻地膜产业具有中国特色和显著的优势。

Jiāng人辣语

让地膜快速降解，也是一个新思路，麻地膜用完直接降解，让人耳目一新。

·第三节·
治虫不再用农药

治虫肯定要用农药！这几乎成为常识。例如，一些狡猾的金龟子、地老虎等地下害虫，同农民打起了"游击战"：它们白天休息，晚上出来搞破坏，把绿油油的花生吃得千疮百孔，花生果受损率高达 45%～50%，有的地块几乎绝收。农民朋友被迫和这些地下害虫展开斗争，白天赶紧喷施农药，害虫却迅速躲在地下，毫发无损。农民再用农药灌根，虽然灭杀一些害虫，但还是无法彻底根除，过多使用农药，却给食品安全埋下隐患。

正如猎物斗不过猎人一样，科学家发明了太阳能灭虫器，白天采用太阳能发电，晚上自动开启诱虫灯灭虫，不用电不用油，没有污染。每台太阳能灭虫器一块地每晚诱杀害虫近千只，其中危害巨大、且经常逃脱农药灭杀的金龟子达 600余只。

神奇的是，每台灭虫器可防治 20～50 亩花生田虫害，连片持续使用 2～3 年，即可有效控制地下害虫。

Jiāng人辣语

用农药治虫，不用农药也能治虫。其实，农业生产也充满辩证法。

·第四节·
果树心脏巧搭桥

为了让老果园高产，人们经常采取"环剥"的办法，即把树干的树皮剥掉一圈，这样就能把本该输送给根部的营养截留在上部，在当年获得高产。但同时也因为截断了树叶与根部的联系，造成根部营养不足，导致树势退化。这也容易患上果树腐烂病，俗称果树"癌症"。

农业科技人员把心脏搭桥手术的原理创造性地应用于老果树技术改造，从树上截取一枝嫩枝条，从树根部越过环剥部分，重新接通与树叶的水分营养输送，取得成功。大量曾经被环剥、面临淘汰的老果树重新焕发青春，老果树因此可以延长挂果期 20 年。

Jiāng人辣语

心脏搭桥手术能治疗人的心脏病，果树用了心脏搭桥手术，也能解决果树病害。跨界思维值得大力提倡。

做完搭桥手术,
长成千年大树!

·第五节·
树木也要打吊针

人生了病可以打吊针，树生了病能不能打吊针？我国科学家自行研制开发全新型农药微肥施用技术——自流式树干注药技术，属国内外首创。这个技术可针对性地有效防治森林、城市园林、风景区绿化树木、行道树、防护林带和各种果树上的病虫害及各种因营养缺乏而引起的生理性病害。

自流式树干注药技术是科学家以植物化学保护原理为指导，以农药使用无公害化为目标，在对茎干涂抹包扎、重力注药、打孔注药及高压注射等多种树干施药技术的系统研究和分析基础上，借鉴人体打吊针输液原理，依据流体力学理论和植物体内液流传导规律及相关病虫害生物学特性、发生发展规律和危害特点，研制出自流式树干注药器及其相配套的药剂种类和加工剂型。科学家通过田间试验筛选，验证产品配方和药效，获取了最佳产品配方、生产工艺及较为完善的使用技术，并且对产品的登记和试产、示范进行了推广工作。

Jiāng人辣语

给树打吊针，听起来有点"恶搞"，用起来真不错。不要让传统思维限制我们的想象力。

·第六节·
稻草里长出珍稀蘑菇

在农村田地里，有这样一种菌类，它长在稻草堆里，味道鲜美却很稀有，农村人都爱吃，它的名字叫"稻秆菇"。

稻秆菇主要分布在我国南方，每年夏季，水稻成熟收割后，田里到处都是稻草。这些稻草经过风吹日晒和雨水灌淋，冷热交替之后，在适宜的温度中自然发酵而生长出了稻秆菇。稻秆菇如手指头般大小，外表是灰白色的，比较脆弱，一不小心就会被折断。稻秆菇通常都躲在稻草堆里，表面很难看出来哪里有，要翻开那些稻草才能发现。

于是，我国科学家发明了"稻菇轮作技术"。科学家把稻草秸秆作为培养料，分析种植前后的土壤理化性质变化、土壤有机质等，土壤肥力指标有所提高。采用"稻菇轮作"，每亩

Jiāng人辣语

稻草里长出珍稀蘑菇，本身就是稀罕事。但是要切记，自然界中的很多蘑菇都有毒，如果不认识，千万不要轻易采摘食用。

田地可消化 3～8 亩稻草秸秆，较好解决了秸秆量大、难以还田的问题。农民采用新技术，正好可利用冬闲田茬口培养稻秆菇，每亩纯收入效益远高于小麦。采完菇，菌渣还可作为肥料还田，作为来年水稻种植的底肥。

第九章

建设美丽乡村

· 导读 ·

　　建设美丽乡村当然是多功能农业的题中应有之义。让庭院变成聚宝盆，让菌草变成食用菌，让果园柴火变成美食……多功能农业已经展示出无穷的科学魅力。农村要美，农业要绿，农民要富，必须大力发展多功能农业。

· 第一节 ·
庭院变为聚宝盆

农村的庭院是用来居住和生活的，其实它还具有经济功能，也能产生经济效益！

庭院经济是以农户庭院宅基地及周围的土地、空间为载体，以精种、精养、精加工为主要内容，以商品生产为目的的优质高产高效经营形式，是广大农民脱贫致富奔小康的一项重大工程。庭院集中了农村七成的能流和物流，为庭院经济开发提供了极为有利的条件。

如今，随着庭院经济开发技术的普及，昔日冷清空落的农家小院热闹起来了，呈现一派繁荣景象：春有花、秋有果，冬有大棚、夏有荫，种养销售一条龙，一年四季有收获。农村庭院经济展示出广阔的发展前景。

小庭院、大收益

·第二节·
让草变成食用菌

提起草，人们自然想到草原和草坪，绝不会将草与食物
联系起来。

国家菌草工程技术研究中心首席科学家、福建农林大学
菌草研究所所长林占熺通过努力攻关，在世界上首次用 29 种
草作原料栽培成功 34 种食用菌，将不起眼的草变成食用菌，
端上百姓的餐桌，在国内外引起轰动。

菌草技术改变了我国 800 多年来用木材种菇的习惯，极

这都是我"生"的
蘑菇宝贝!

大地节约了木材，保护了森林和生态环境。这项技术甚至把传统畜牧业都无法利用的一些草（如芒箕等）转化成人类可以食用的蛋白质。菌草技术是"以草代木"发展起来的中国特有技术，实现了光、热、水三大农业资源综合高效利用，植物、动物、菌物三物循环生产，经济、社会、环境三大效益结合，有利于生态、粮食、能源安全。

2021 年 9 月 2 日，国家主席习近平向菌草援外 20 周年暨助力可持续发展国际合作论坛致贺信。习近平强调，中国愿同有关各方一道，继续为落实联合国 2030 年可持续发展议程贡献中国智慧、中国方案，使菌草技术成为造福广大发展中国家人民的"幸福草"！

·第三节·
果园柴火成美食

把果园里修剪下来的枝杈当柴火烧掉，是再平常不过的事情。中国农业大学的专家却化腐朽为神奇，把修剪下来的板栗枝杈作原料，成功培育出一种叫栗蘑的食用菌。栗蘑又叫灰树花、云蕈、千佛菌等，素有"真菌之王"和"华北人参"的美誉，是珍贵的高档食用菌。

作为原料的板栗枝杈，一般会高压杀菌后再用来培养栗蘑。栗蘑采收后，原料就会变成菌渣废料。这些废料千万不要扔，把它们放在沼气池会生产沼气，用来烧水、煮饭；或者撒进果园和菜地，给果树和蔬菜做肥料。

事实上，不只是栗蘑，我国的食用菌产业是一个"一箭三雕"的产业：带来了食用菌美食；把秸秆循环利用，降低了焚烧秸秆对环境的污染；同时，还生产了大量的有机肥，促进了有机农业的发展。

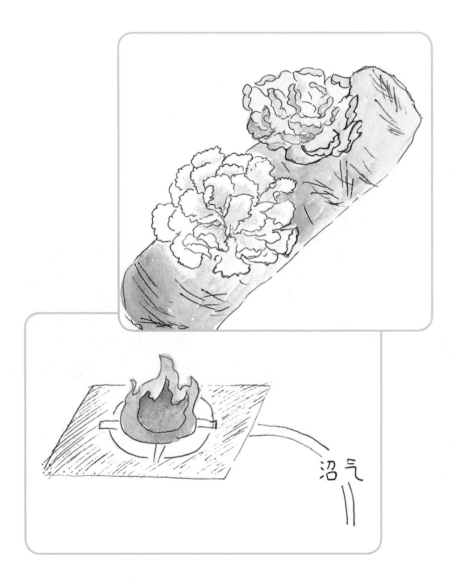

沼气

· 第四节 ·
抗旱节水有新路

发生旱情时，一方面要想方设法去灌溉，另一方面也不要忽视许多耐旱作物的抗旱功能。通俗地说，与其让高耗水作物喝个饱，不如种些喝水少的作物。这种想法不仅可行，而且很有效。

以谷子为例。谷子起源于我国，已有七千多年的栽培史。谷子具有耐旱耐瘠、易贮存、粮饲兼用等特点，被誉为中华民族的哺育作物。我国谷子产量占世界的 80%。谷子具有突出的抗旱节水性，其种子萌发需水量仅为自身重量的 26%，而高粱、小麦、玉米分别为 40%、45% 和 48%。谷子的蒸腾系数仅 257，而玉米和小麦分别为 369 和 510，即同样的产量，谷子较玉米、小麦分别省水约 30% 和 50%。

种植传统粮食作物固然十分重要，需要足够的水资源保障，但通过作物本身来抗旱，可以降低单位农业产值的用水量。显然，种植低耗水植物是抗旱的一种新思路。

·第五节·
油菜不止能榨油

　　提起油菜，人们通常会联想到漫山遍野的油菜花以及菜籽油。然而，油菜已经从过去单一的榨油功能拓展到油用、花用、蜜用、菜用、饲用、肥用六大功能，实现了油菜与乡村产业的全面融合发展，成为多功能农业的典型案例。

油菜花，有才华!

　　开发油菜的多种功能，并不是科学家坐在实验室里想出来的，而是依据人们的需求确定的研究方向。例如，近年来随着人们生活水平的不断提高，节假日外出旅游的家庭增多，这其中，以观赏油菜花为代表的休闲农业异军突起，成为增长较

快的一个领域。然而，传统的油菜品种花期较短，花色单一，不能满足人们的需求。为此，科学家们通过科技创新，增加了白色、橘黄、红色等五彩油菜花，花期延长 10～15 天，提升了油菜花的旅游价值。

科学家除了通过基因序列改变油菜花颜色，也可以通过品种杂交培育出更多具备欣赏价值的油"彩"花。通过远缘杂交、复合杂交等手段，40 余种不同花色和叶色的彩色油菜花被创造出来。这种新型油菜花具有花瓣大、花期长、香味浓等特点，观赏性很强。从播种、育苗到开花、结果，再到收割、榨油，颠覆人们认知的科技新玩法贯穿油菜全产业链。

结　语

　　在人们的印象中，农业是传统的落后的产业，农业也仅仅提供粮食、蔬菜、肉蛋奶等而已。实际上，农业的功能远远不止这些，农业的多功能不仅是我国农业的重要组成部分，也对解决当今和未来人类所面临的能源、气候等问题提供了方法和启示。当今的关键是帮助公众全面、科学地认识农业的多功能，一起使用好农业的多功能，让农业在乡村振兴以及满足人们对美好生活的向往等方面发挥更大的作用。从这个意义上看，推广和普及多功能农业具有十分重要的现实意义，也具有一定的前瞻性。

原来农业也可以如此神奇